摄影后期与短视频剪辑

零基础一本通

千知影像学院　编著

人民邮电出版社

北京

图书在版编目（ＣＩＰ）数据

摄影后期与短视频剪辑零基础一本通 / 千知影像学
院编著. -- 北京 : 人民邮电出版社，2024.6
　ISBN 978-7-115-63542-6

　Ⅰ. ①摄… Ⅱ. ①千… Ⅲ. ①图像处理软件②视频编
辑软件 Ⅳ. ①TP391.413②TP317.53

　中国国家版本馆CIP数据核字(2024)第016588号

内 容 提 要

　　本书是针对摄影后期与短视频剪辑的零基础教程，主要内容包括手机摄影后期的基础知识、手机摄影后期修图技巧、手机摄影后期创意实战、封面制作和拼图、手机短视频剪辑流程、图文短视频制作、一键成片等，全书以案例结合理论的方式进行讲解，旨在加深读者的学习印象，提高读者的学习效率，帮助读者快速从新手成为手机后期修片及短视频制作高手。

　　本书内容丰富，适合广大手机摄影后期爱好者、专业修图师，以及对短视频感兴趣并且想要提升短视频质量的内容创作者等参考阅读。

◆ 编　　著　千知影像学院
　　责任编辑　张　贞
　　责任印制　周昇亮
◆ 人民邮电出版社出版发行　　北京市丰台区成寿寺路 11 号
　　邮编　100164　　电子邮件　315@ptpress.com.cn
　　网址　https://www.ptpress.com.cn
　北京九天鸿程印刷有限责任公司印刷
◆ 开本：880×1230　1/32
　　印张：4.5　　　　　　　　　　2024 年 6 月第 1 版
　　字数：191 千字　　　　　　　2024 年 11 月北京第 2 次印刷

定价：39.80 元

读者服务热线：(010)81055296　印装质量热线：(010)81055316
反盗版热线：(010)81055315
广告经营许可证：京东市监广登字 20170147 号

前言

　　数码影像时代，大家对于数码照片及短视频的要求，已经不仅仅是有没有的问题，而是如何让自己的照片与短视频呈现出更好的效果。但如果我们仅是拍摄和录制，手机或相机输出的原始照片和视频的表现力是有欠缺的，这就需要后期的修饰，即通过后期修图对照片进行美化，通过剪辑软件对短视频进行编辑，让最终输出的效果更加出众。

　　对于照片的后期处理来说，我们要调整照片的色彩、亮度、对比度等参数，使照片更加生动、鲜明。此外，还可以通过裁剪、滤镜等后期处理手段，突出照片的主题，增强视觉效果。有时候，由于拍摄条件限制，拍摄出的照片构图可能不够理想。这时，通过后期处理即可对照片进行裁剪、旋转等操作，使构图更加完美。

　　对于短视频来说，我们可以通过剪辑，将零散的视频片段组合成一个完整的故事，使观众更好地理解视频的主题和内容；可以通过调整视频的速度、转场效果等手段，增强视频的节奏感，使观众在观看过程中保持高度的专注；还可以通过剪辑营造出不同的氛围和情绪，使观众更加深入地理解视频所要传达的信息。

　　上述对于照片的后期处理，以及对短视频的剪辑等内容，在本书中都有详细讲解，希望本书能够给读者带来帮助。

目录

第4章

手机摄影后期创意实战 **074**

第5章

利用手机制作封面、拼图 **102**

第6章

手机短视频剪辑流程 **116**

第7章

制作图文短视频 **131**

第8章

一键成片（制作短视频） **138**

第 **1** 章

照片要修成什么样

无论专业摄影还是手机摄影，对所拍摄照片进行适当的后期修饰都是必不可少的。而对于初学者而言，要对照片进行哪些方面的处理，将照片修成什么样，便是急需了解的问题。

 1.1 借助裁切让构图合理

二次构图的作用，往往在于通过裁剪让画面产生新的视觉观感，让作品的主题更加鲜明突出。

可以看到，下页原图就是一只平白无奇的"路人猫"，在大街上随手就可以抓拍到。如何让一只普通的猫，通过构图变成一只"高级"猫呢，那就需要更好地突出猫身上的特点。首先，我们可以观察到周围环境稍微有点杂乱，"拉低"了这只猫的"高级感"，而且周围环境并没有对猫起到任何说明作用。在这种情况下，就可以通过二次构图，让这只猫更有"中心感"，所以从效果图中，大家不难看出，该去掉的背景都去掉了。而整只猫咪最有灵性的地方，就是它的眼睛，为了更好地突出眼睛，裁图的时候把猫咪的眼睛放在了竖构图的三分之一处，提亮眼睛色彩和明度的同时，尽量弱化毛色和环境的色彩，这样所有的注意力都会瞬间集中到猫的眼睛部位，作品的吸引力和视觉冲击力也就加强了。

原图   效果图

　　拍摄单一物件，特别是静物和产品摄影时，二次构图就会简单很多，只要尽可能的突出主体，更好地将主体的形态和表征展示出来即可。

原图

效果图

1.2 色彩艳而不腻

拍摄素材或者静物，很多时候采用的就是下页图中所示的中心构图，它的作用就是把物体的形态体征拍出来，作品只是用于简单的图片素材时，它本来的色彩形态是否清晰，就显得更加重要。所以对于这类图片而言，突出事物本来的色彩，还原事物原本的形态才是修图的关键。从下页原图中，我们可以看到，影响图片的无非就是背景不够通透干净，色彩在玻璃板的阻挡下不够明艳。所以在后期修图时，将背景统一、让物体的色彩更加明艳通透，就能够更好地凸显这张静物照片的状态。

原图

效果图

1.3 强化主题，弱化干扰

　　从下方原图中我们可以看到，残荷形态不错，水面也比较平静，没有让画面太乱。美中不足的是左上角大片的残荷叶没有任何的姿态，它的出现，不仅让画面更杂乱，而且破坏了中心位置原本可以组成的三角形几何图形。所以在修图时，就可以通过二次构图将对主体没有任何帮助的内容裁剪掉。如果没有足够的空间裁剪，就可以考虑通过后期的手法进行去除，这种做法，大部分时候就是用于艺术表达和创意图片，纪实类的摄影作品，是不允许这样改动的。

　　把左上角的荷叶去除后，发现周围的环境似乎除了能渲染宁静的情绪外，似乎也没有太大的说明作用。所以，空间位置可以不用留太多，把主体能够呈现的空间留下就行。然后通过一些冷色调的渲染，在极简的画面上，再加一丝宁静，这样，作品就会显得更加静谧。

原图　　　　　　　　　　　　　　　　　　　　效果图

1.4 增添元素，加强主题

　　摄影中除了做减法，也要学会做加法，但是万变不离其宗，所有的加减都要围绕主题、主体和中心思想展开。下方原图是一幅在阴天时拍摄的作品，天空的云层很厚，正好使得背景很干净，没有太多干扰。但是，单拍一支竹子还是显得过于单调。前期拍摄时，已经观察到竹子逆光时，正好呈现出黑白效果，再加上天空有点淡淡的乌云，像极了水墨画，后期就直接改成了水墨画风格。除了添加宣纸素材外，还通过合理裁图拉长了卷幅，最重要的是，在左边最空的位置，添加了一只蝴蝶，这只蝴蝶就是整幅画面的点睛之笔，让原本简单枯燥的竹枝，瞬间充满了生气与灵动。

原图　　　　　　　　　　　　　　　　　　效果图

1.5　还原作品让画面更鲜明

　　如果分析下方原图，说出它的缺点，可能很多人就会说灰雾度过大、色彩不够鲜明等，所以让作品变得更加通透，让色彩更加艳丽，就是我们后期的调整方向。但是，有时候不是风光不够出彩，而是时间没选对。为什么这么说呢，因为原图其实是在正午左右，硬光最强的时候拍摄的，所以作品过曝了，这时，只要在后期处理时降低曝光，就能恢复原本鲜艳明亮的色彩和影调层次。所以修图前，一定得先有个判断，特别是对光的敏感度一定要有。

原图　　　　　　　　　　　　　　　　效果图

下面这个案例，是在弱光环境下拍摄的，提高一点曝光值，画面就恢复了它原本的样子。所以有的时候，不需要过度后期，在前期判断出照片出现什么问题，直接对症下药即可，这样的方式反而更加便捷。

原图

效果图

1.6 **换个视角看世界，会有不同天地**

　　艺术就是这样，明明是同一张作品，只要换个视角，换个角度，感觉就不一样了。这张图片是拍摄于盐田的倒影，因为盐田的水十分宁静显得比较有意境，所以我们干脆把作品 180°旋转过来。由于是倒影，人物身上多少会有些水波，有些形似画作中的画布和颜料质感，再加上作品画面比较平静，所以产生出一种画意。最后可以依据自己的喜好，给作品渲染一些艺术氛围，冷色调或者暖色调都可以。冷色调的感觉更加清新宁静，暖色调的感觉更加温和。

原图

效果图

第2章

手机摄影后期的秘密

无论手机还是相机，照片后期的思路基本上是相同的，主要是色温、饱和度、清晰度、曝光度等的修饰，局部内容的强化与弱化，画面瑕疵修复与矫正等。

当然，对于手机后期来说，我们还要熟练掌握手机修图软件的使用技巧。

2.1 色温的运用：冷暖氛围的营造

本节介绍如何运用色温营造冷暖氛围。右图是在下雪和起雾的环境下拍摄的天鹅，整体照片很有意境和层次，但是缺少了一些氛围感。

原图

效果图 1

效果图 2

方法 1

可以使用手机自带的编辑功能为作品添加色彩氛围。

以华为手机为例，选中照片，点击"编辑"按钮，选择"调节"工具，选择"色温"选项。

水平拖动色温滑块
可以调整色温。

方法 2

在本地图库中打开照片，点击"更多"按钮，选择"更多编辑"选项，将
照片导入 Snapseed 软件。

　　将照片导入 Snapseed 后，点击"工具"按钮，选择"调整图片"工具，点击"调整"按钮。

选择"暖色调"选项，左右滑动屏幕即可调整"暖色调"的值。大家可以根据作品需求和自身喜好来调整"暖色调"的值。

调整好色调之后，点击"调整"按钮，选择"氛围"选项，左右滑动屏幕可以调整"氛围"的值，让作品更富有色彩渲染力。

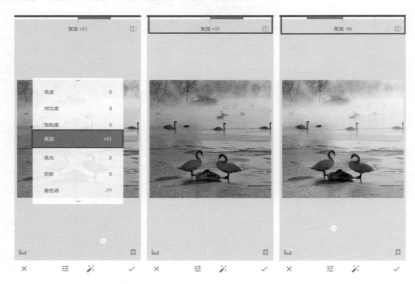

2.2　饱和度的运用：让作品的色彩浓淡可调

这张照片是竖构图，图片非常长，而且画面有些偏斜。右侧是原图和效果图，通过对比，我们能够发现效果图的色彩更漂亮，而且画面得到了校正。

原图　　　　　　　　效果图

接下来演示效果图的制作过程。

首先在 Snapseed 中打开这幅作品的原图，对作品进行基本调整和二次构图，点击"工具"按钮，选择"剪裁"工具。

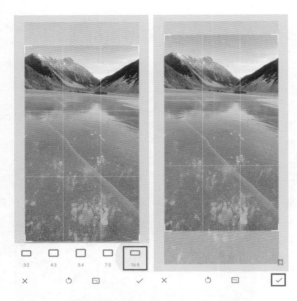

在剪裁菜单中选择"16∶9"的画面比例。这幅作品中天空的层次感一般，所以不必留太多空间。我们可以用三分法构图，让天空与山脉占据画面的三分之一，中景和前景各占画面的三分之一，然后点击"√"按钮，完成二次构图。

这幅作品的画面略微有点偏移，接下来我们对它进行修正。点击"工具"按钮，选择"旋转"工具，通过旋转来调整照片的水平线，完成后点击"√"按钮。

　　下方左图是调整好作品的水平线后呈现的效果。

　　接下来调整饱和度，增加作品颜色的浓度。点击"工具"按钮，选择"调整图片"工具。

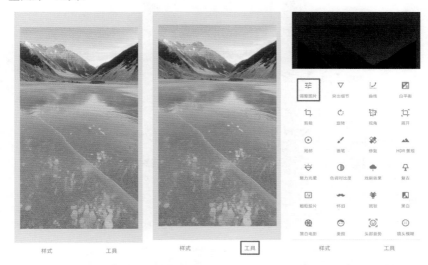

　　进入调整图片界面，点击"调整"按钮，选择"饱和度"选项，然后左右滑动屏幕就可以调整饱和度，向左边滑动可降低"饱和度"的值，向右边滑动可增加"饱和度"的值。作品的色彩在调整饱和度后变得更加鲜艳了。

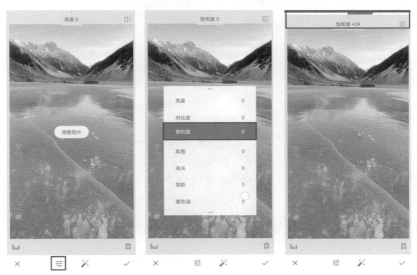

饱和度调整好后，为了让作品层次更加分明，可继续调整阴影参数。上下滑动屏幕，选择"阴影"选项，向左滑动屏幕减小"阴影"的值。

我们也可以对氛围进行渲染。重复上步操作，选择"氛围"选项，向右滑动屏幕增加"氛围"的值，完成后点击"√"按钮。

点击"工具"
按钮，选择"局
部"工具。

点击"+"按钮，在左侧山峰处添加一个锚点，通过双指在锚点附近缩放改变锚点选中的区域大小，把局部需要调整的范围框选在山峰当中，这样可以使天空不会因为调整过度而产生明度噪点和色彩噪点。

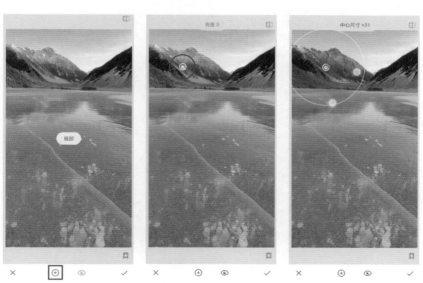

上下滑动，可以看到锚点有 4 个调整的选项，分别是"亮度""对比度""饱和度"和"结构"。选择"结构"选项，向右滑动屏幕，增加"结构"的值。

再次点击"+"按钮，在右侧山峰处添加一个锚点，同样通过双指在锚点附近缩放调整锚点区域的范围。

上下滑动屏幕，选择"结构"选项，向右滑动屏幕，增加"结构"的值。完成后点击"√"按钮。

这样一来，照片就调整完成了，最后点击"完成"按钮，修改后的照片会被保存在本地图库中。

2.3 去雾的运用：增加作品层次感和质感

本节主要讲解如何为画面去除灰雾度，让照片变得更有层次感和质感。

观察一些作品的原图，可以发现，作品像是被一层雾笼罩住，这可能是物理因素或者环境因素导致的，比如画面曝光过度、直射光太强、拍摄环境灰尘多等。这些因素给照片带来的影响都可以在后期通过去雾功能去除。

原图

效果图

　　首先将照片导入泼辣修图软件。在本地图库中选择要编辑的照片，点击
"更多"按钮，选择"更多编辑"选项，在弹出的菜单中选择泼辣修图。

　　在泼辣修图界
面中，点击"调
整"按钮，选择
"特效"工具。

向右移动"去雾"滑块，将去雾的值调大，点击"√"按钮完成调整。

让我们看一下照片调整前后的对比，可以发现照片已经有了很大的改变。放大照片，我们发现调整完成后的天空中有很多明度噪点和色彩噪点，所以接下来就要去除噪点。

点击"调整"
按钮，选择"质
感"工具。

增加"降噪 明度"和"降噪 色彩"的值，然后增加 "清晰度"的值，提升
画面的品质。完成调整后点击"√"按钮。

经过以上两步的调整，画面的清晰度就得到了很大的改善。第一步是在"特效"工具中调整"去雾"的值，一键去雾；第二步是在"质感"工具中调整"清晰度""降噪 明度"和"降噪 色彩"的值，完成降噪。

调整前　　　　　　　　　调整后

2.4 曝光的运用：修复曝光不足

本节讲解如何修复曝光不足。我们先来看一下原图和调整后的效果图。

原图

效果图

首先在本地图库中打开照片，点击"更多"按钮，选择"更多编辑"选项，将照片导入 Snapseed 软件。

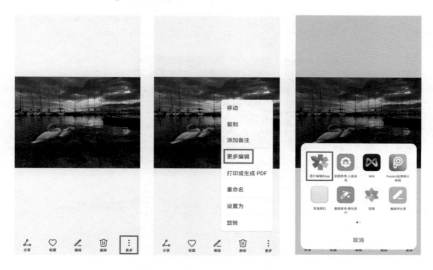

导入的照片中局部较暗，但还没有彻底"死黑"时，我们可以在后期修图的时候把曝光不足部分的亮度和细节调整回来。将照片导入 Snapseed 后，点击"工具"按钮，选择"调整图片"工具，点击"调整"按钮。

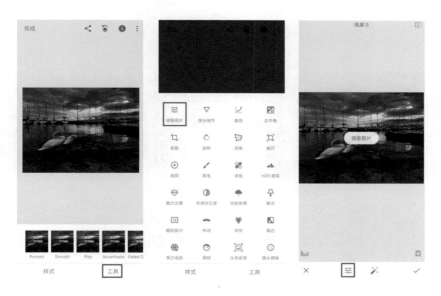

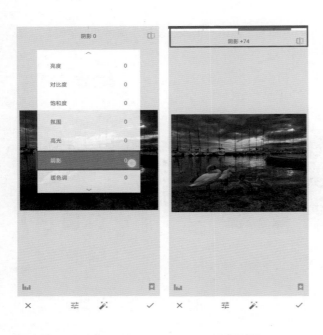

选择"阴影"选
项，增加"阴影"
的值。

点击"调整"按钮，选择"亮度"选项，增加"亮度"的值。

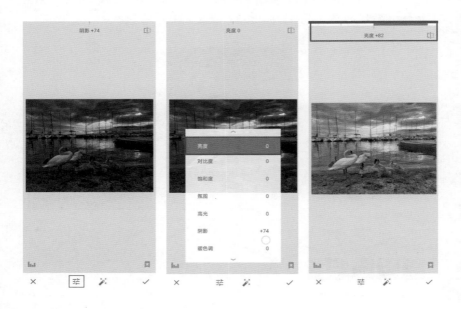

　　点击"调整"按钮，选择"高光"选项，因为天空部分高光过强，所以要降低"高光"的值，让画面的细节层次更明显。调整完成后点击"√"按钮。

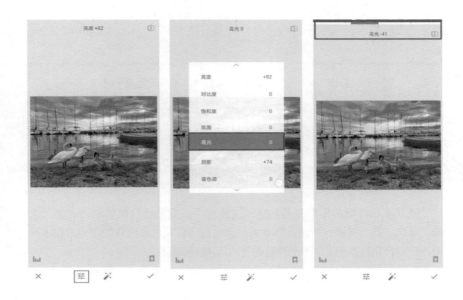

　　我们来看一下调整前后的对比。

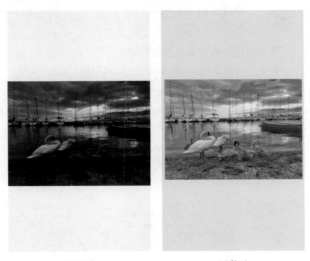

调整前	调整后

第3章

重点题材手机摄影后期技巧

随着手机性能的不断提升，当前主流的手机型号已经能够拍摄风光、人像、建筑、花卉等重点题材，并且所拍摄的画面效果也已经比较理想。在本章中，我们将介绍各种重点手机摄影题材的后期调整要点。

3.1 风光后期案例

本节将讲解如何调整风光作品。

首先在本地图库中选择风光案例照片。点击"更多"按钮，选择"更多编辑"选项，选择 Snapseed 软件，将照片导入 Snapseed。

　　我们要先对作品做出判断，从影子上可以判断出拍摄的时间应该是在正午前后，光线比较强，所以整个画面有一点曝光过度，色彩层次没有特别突出。所以我们要将高光部分压暗，突出光影，并且要增加一些饱和度，让作品更有色彩层次感。

先将画面调整水平。点击"工具"按钮，选择"旋转"工具，把这张照片旋转到水平的角度，完成后点击"√"按钮。

再次点击"工具"按钮，选择"调整图片"工具，点击"调整"按钮。

上下滑动屏幕，选择"高光"选项，向左滑动屏幕，降低"高光"的值，让雪山和草地的层次感体现出来。

上下滑动屏幕，选择"饱和度"选项，向右滑动屏幕，增加"饱和度"的值，增加整个画面的饱和度。

此时整个画面的层次还是不够丰富。上下滑动屏幕，选择"阴影"选项，向左滑动屏幕，降低"阴影"的值，这样暗部的层次感就出来了。完成后点击"√"按钮。

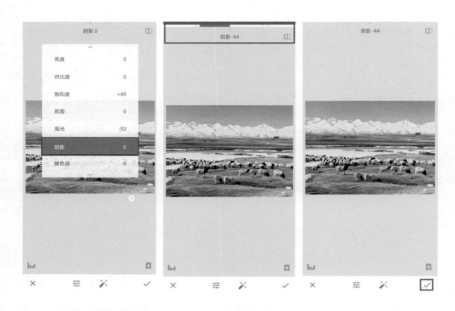

　　以上是基础调整的步骤。完成基础调整之后，我们再点击"工具"按钮，选择"曲线"工具，通过调整曲线来增强画面的对比度。

点击"通道"按钮，选择"RGB"选项，适当调整曲线，让画面的对比更强烈，完成后点击"√"按钮。

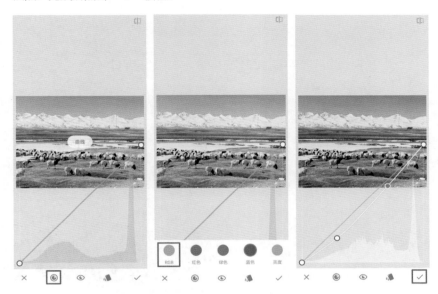

如果觉得细节还不够丰富，可以点击"工具"按钮，选择"突出细节"工具，向右滑动屏幕，增加"结构"的值，给画面增添一些细节。

完成后点击"√"按钮。这样一张照片就制作完成了。

最后点击"完成"按钮，将修改后的照片保存即可。

我们来看一下调整前后的效果对比图。

原图

效果图

3.2 人像后期案例

本节我们以一幅人像作品为例，讲解如何调整人像照片。

此处我们用美图秀秀讲解如何调整人像作品。

原图

效果图

首先，在本地图库中选择人像案例照片。点击"更多"按钮，选择"更多编辑"选项，选择美图秀秀软件，将照片导入美图秀秀。

美图秀秀界面中有很多修图功能，如美妆功能可以直接给人物一键上妆的。点击"美妆"按钮，大家可以自行选择自己喜欢的妆容。在美妆界面，有妆容、口红、眉毛、眼妆和立体等选项。

　　选择"眉毛"选项，我们可以在"眉毛"界面中选择相应的眉毛形状进行替换。

　　选择"眼妆"选项，我们可以对眼妆进行局部调整。

选择"立体"选项，移动"程度"滑块，增加人物五官的立体感。

完成了第一步上妆操作，第二步我们开始面部重塑。

点击"面部重塑"按钮，选择"脸宽"选项，移动滑块调整脸部的宽度，调整完后人物脸部会变窄。比起面部重塑功能，笔者认为还是瘦脸瘦身功能比较方便调整。

点击"面部重塑"按钮，选择"眼睛"选项，可以调整"大小""上下""眼高""长度""眼距""倾斜"等参数的值。

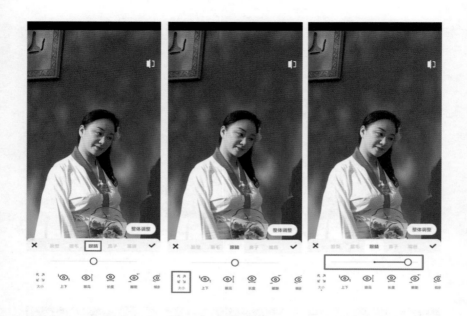

选择"鼻子"选项，可以调整"提升""鼻翼""山根""鼻梁"和"鼻尖"。

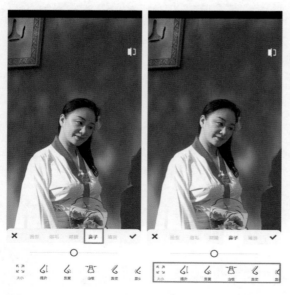

选择"嘴唇"选
项，可以调整"上
下""M 唇""丰唇"
"微笑"的程度。

我们主要调整人物的整体轮廓。点击"瘦脸瘦身"按钮，选择"手动"选
项，手动滑块的大小代表着瘦脸瘦身笔触的大小。适当填充太阳穴，削低颧
骨，可以稍微填充脸部凹陷下去的地方，这样脸部就会有充满胶原蛋白的感
觉。调整完成后点击"√"按钮。

将额头填充得饱满一些，提拉脸部。喜欢小脸的可以调整小脸，笔者个人比较喜欢肉一点的脸。对于头发太薄的地方（比如照片中人物右侧的刘海），我们可以适当增加头发的厚度，并调整发际线的位置。

脸部调整完后，可以使用磨皮工具进行磨皮。但为了方便，基本上都会使用一键美颜工具，它可以直接调整需要磨皮的地方，而且一键美颜工具中有很多滤镜供大家选择，大家可以根据自己的喜好及具体的照片，选择最合适的滤镜效果。

此处选择"清新"滤镜，选好滤镜后可以移动"肤质"滑块，调整完成后点击"√"按钮。

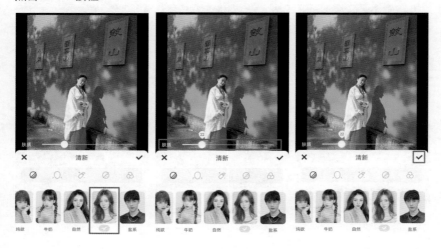

　　一键美颜完成后，我们会发现人物脸部还有法令纹，选择"祛皱"工具，在祛皱工具界面中选择"手动"选项，调节笔触的大小，放大画面涂抹需要调整的区域。若不满意调整的效果或调整后脸部显得非常不自然，可以点击"×"按钮取消操作。

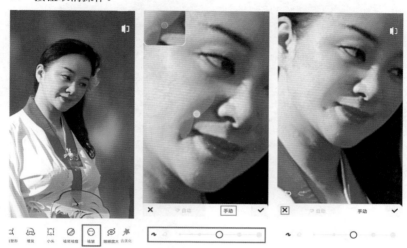

　　有没有工具可以让脸部皮肤显得更加自然呢？有，那就是祛黑眼圈工具。祛黑眼圈工具可以去除面部的阴影，只要把面部的阴影去掉一些，法令纹就会自然消失。选择"祛黑眼圈"工具，选择"手动"选项，用笔触在法令纹四周略微调整，让皮肤过渡更自然。调整后，皮肤变得更加白皙，人物显得更加年轻。再调整下高光三角区的阴影部分，用"祛黑眼圈"工具略微调整画面右侧脸部的阴影部分和眉心，让脸部的光线形成自然的过渡效果。调整完成后点击"√"按钮。

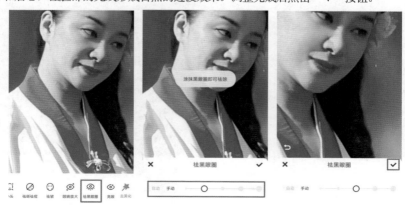

我们看一下调整前后的效果对比图，调整后人物脸部明显更有光泽。

调整前　　　　　　　　调整后

接下来对人物的脸部再做调整。选择"瘦脸瘦身"工具，放大人物脸部，把左侧脸部、鬓角和头发向上提拉，调整完成后点击"√"按钮。

选择"磨皮"工具，选择"磨皮"选项，增加磨皮的值。

选择"遮瑕"选项，提高遮瑕的程度，调整完成后点击"√"按钮。

人物眉毛显得有些短，我们同样选择"瘦脸瘦身"工具，选择"手动"，用笔触拉长并略微拉高眉毛。调整完成后点击"√"按钮。调整后人物明显更有古典气质。

这时候我们发现人物鼻子左下方有明显的褶皱，可能是遮瑕导致的，可以使用祛黑眼圈工具调整。选择"祛黑眼圈"工具，手动调整笔触大小，涂抹需要调整的区域。调整完成后点击"√"按钮。

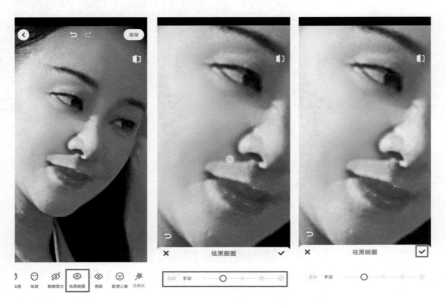

也可以直接选择"祛皱"工具，手动去除人物鼻子左下方的褶皱，调整完成后点击"√"按钮。

接下来调整人物的身高。选择"增高塑形"工具，在增高塑形工具中，可以调整"增高""瘦身""肩颈""丰胸""线条"等参数值。选择"增高"选项，把增高区域移至人物腿部，注意不要接触手部，不然调整后，手会显得很长。选中增高区域后，移动"增高"滑块，将增高区域整体向上拉伸。

在"增高塑形"工具中，选择"瘦身"选项，瘦身主要是瘦腰部，但是这张照片不支持使用瘦身功能。

可以选择"瘦脸瘦身"工具，手动调整腰部，调整完成后点击"√"按钮。

最后点击界面右上角的"保存"按
钮，保存修改后的照片即可。

3.3　建筑后期案例

拍摄出来的建筑不能歪斜，否则照片会在视觉上产生一种建筑要倒塌的感
觉。在拍摄建筑的时候，除了要注意框架结构和空间结构以外，还要注意水平
线，我们要尽量让整个建筑的线条是垂直和水平的，让建筑给人稳定的感觉。
接下来就介绍如何调整歪斜的建筑照片。

原图　　　　　　　　　　　　　　　　效果图

首先在本地图库中选择案例照片。点击"更多"按钮，选择"更多编辑"选项，选择 Snapseed 软件，将照片导入 Snapseed。

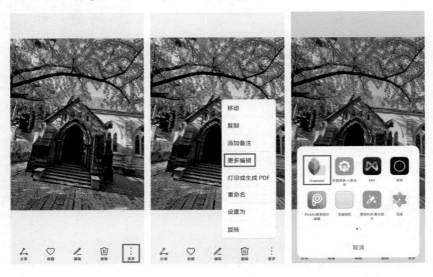

点击"工具"按钮，选择"视角"工具。

选择"旋转"选项，把台阶部分旋转到与水平辅助线平行的位置。

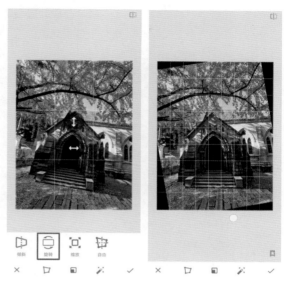

　　旋转完之后，发现屋顶还是斜的，这个时候可以点击"视角"按钮，选择"自由"选项，把屋顶部分（画面的右上角）拖到和水平辅助线平行的位置。此时画面四周有黑边也没关系，拖曳完成后软件会自动识别填充。

虽然台阶和屋顶都水平了，但是有些地方填充得不是很到位。接下来点击"√"按钮，返回主界面。

点击"工具"按钮，选择"剪裁"工具，裁剪刚才填充的地方，免得照片不自然。完成后点击"√"按钮。

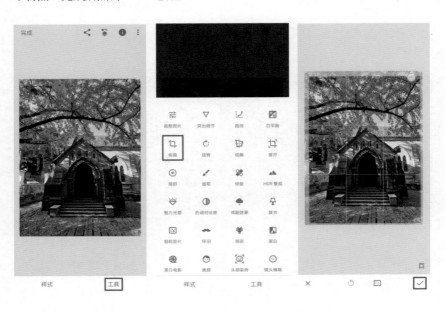

　　裁剪完之后就可以对影调和色调进行调整了。点击"工具"按钮，选择"调整图片"工具，进入调整图片界面。

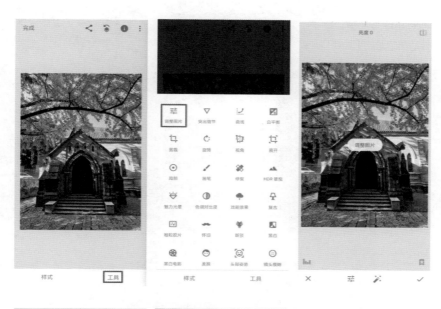

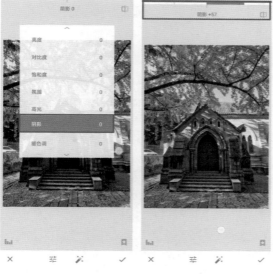

　　上下滑动屏幕，选择"阴影"选项，向右滑动屏幕，适当增加"阴影"的值。

上下滑动屏幕，选择"对比度"选项，向右滑动屏幕，适当增加"对比度"的值，使照片的明暗对比更加强烈。

上下滑动屏幕，选择"饱和度"选项，向右滑动屏幕，适当增加"饱和度"的值。完成后点击"√"按钮。

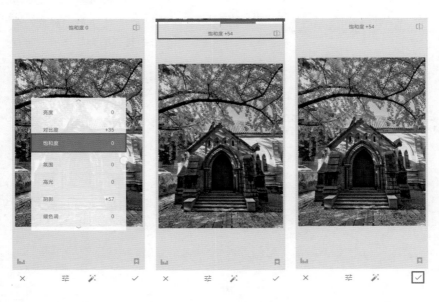

最后再给画面增添一些细节。点击"工具"按钮，选择"突出细节"工具，向右滑动屏幕，适当增加"结构"的值，突出建筑本身的细节，这样画面的品质也会更高。完成后点击"√"按钮。

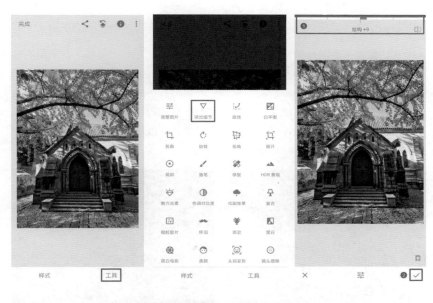

至此，整幅作品就调整完毕了，点击"完成"按钮，将修改后的照片保存即可。

本节讲解花卉照片的后期处理方法。

案例 1

在拍摄花卉的时候经常遇到下面这种情况。以下方原图为例，右下角的这朵梅花刚好位于黄金分割点，拍摄时也有特意对焦，突出主体，大家可以看到背景是有一点虚化的。拍摄时刚好是雨天，周围有一些雾气，这些雾气给这幅作品增加了一种朦胧的意境美。美中不足的是梅花的枝干太杂乱了，虽然主体还算清晰，画面也很唯美，但是主体不够突出，所以在后期处理时对这张照片的背景继续虚化，让花朵更突出。

原图　　　　　　　　　　　　　　　效果图

首先在本地图库中选择案例照片。点击"更多"按钮，选择"更多编辑"选项，选择 MIX 软件，将照片导入 MIX。

接下来就要在 MIX 软件中对这张照片进行处理。这款软件里面有很多滤镜。由于笔者平时修图比较多，所以一看到这张照片就知道自己想要什么样的后期效果，哪个滤镜能实现这种效果。大家要多加练习，这样就可以在看到一张照片时立刻知道使用哪个软件里面的哪个滤镜。

这里选择"青色电影"滤镜，因为这个风格是笔者比较喜欢的，可能有人不喜欢这种风格，那么可以选择自己喜欢的滤镜。笔者比较喜欢这种色调的画面，因为这种感觉比较复古，冷色调配上暖色调的花朵会形成一种冷暖对比的效果，主体就更突出了。

选择好滤镜之后，还需继续虚化背景，所以点击"编辑工具箱"按钮，选择"虚化"工具，打开虚化界面，对背景进行虚化处理。

点击"虚化"按钮，然后把透明的区域移动到花朵上，花朵周围就会被虚化，而花朵本身不会被虚化。还可以调整虚化的强度，如将"强度"调整到64，此时背景的虚化就会非常明显，调整后的照片非常有氛围感。

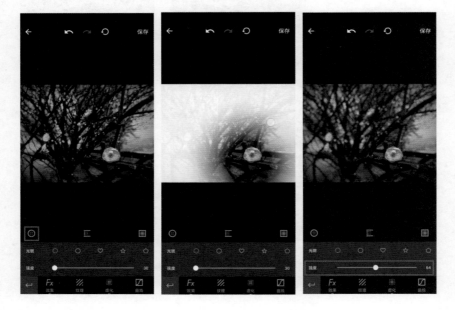

接下来渲染画面的氛围，因为梅花在冬天绽放，所以可以增添一点雪景。点击"纹理"按钮，选择"天气"选项，选择一个雪花滤镜。至此，这张照片就调整完成了，是不是非常有氛围感呢？

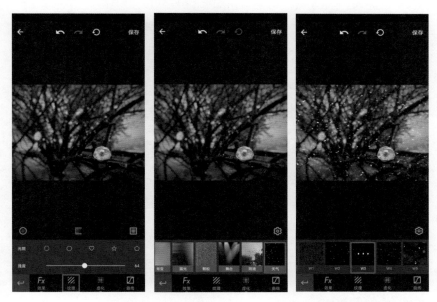

最后点击"保存"按钮，将修改后的照片保存即可。

案例 2

这张照片在前期拍摄时用了黑布做背景，把花卉当成静物来拍，这样拍出来的花卉有一种特别的静谧美。

原图   效果图

首先在本地图库中选择案例照片。点击"更多"按钮，选择"更多编辑"选项，选择 Snapseed 软件，将照片导入 Snapseed。

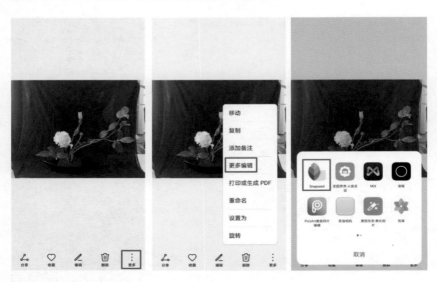

　　由于这张照片的背景比较杂乱，所以先对画面进行剪裁。点击"工具"按钮，选择"剪裁"工具，适当地裁剪杂乱的背景，让整个空间架构能够更紧凑。完成后点击"√"按钮。

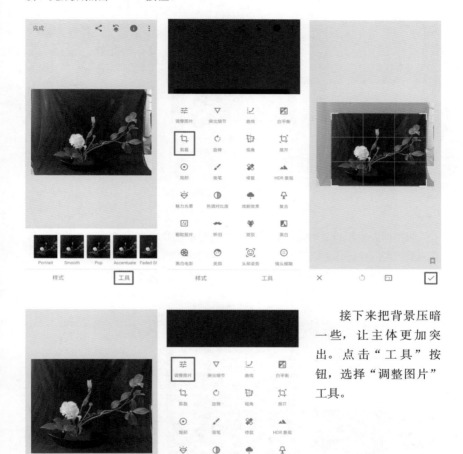

　　　　　　　　　　　　　　　　　　　　　　接下来把背景压暗一些，让主体更加突出。点击"工具"按钮，选择"调整图片"工具。

　　上下滑动屏幕，选择"阴影"选项，向左滑动屏幕，降低阴影的值，这样就可以压暗背景。完成后点击"√"按钮。

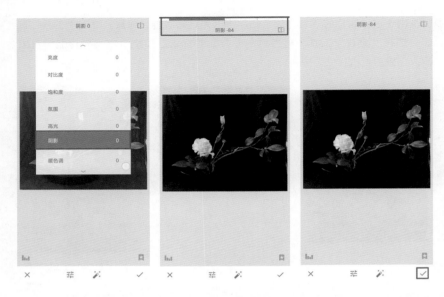

阴影部分被压暗之后，花卉下面的黑色船形托盘也变暗了，几乎失去了所有细节，所以我们要还原黑色船形托盘的亮度和细节。

点击"图层编辑"按钮，选择"查看修改内容"选项，点击"调整图片"按钮。

点击"编辑"按钮，此时"调整图片"的值默认为 100，用手指涂抹除了黑色船形托盘以外的部分，完成后点击"√"按钮。这样一来就可以还原黑色船形托盘的亮度和细节。

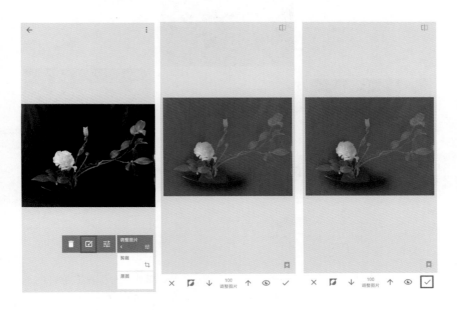

点击"←"按钮，返回主界面。

接下来继续进行局部调整，把背景再压暗一些。点击"工具"按钮，选择"画笔"工具，点击"加光减光"按钮。

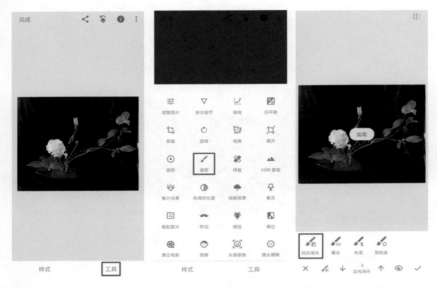

把"加光减光"的值调整到 -10，然后涂抹背景部分，再擦拭有痕迹的地方，让花朵更突出，尽量不要涂抹到花朵，不然花朵的颜色就会变得不统一。完成涂抹后点击"√"按钮。

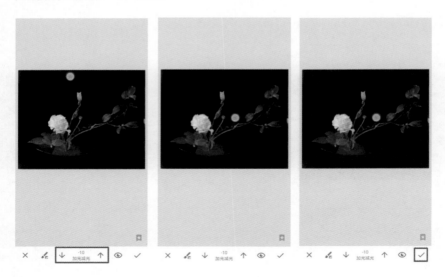

大家可以看到花朵的高光部分还是比较多的，所以要将高光减弱一些，让花瓣的层次感更明显。点击"工具"按钮，选择"调整图片"工具，进入调整图片界面。

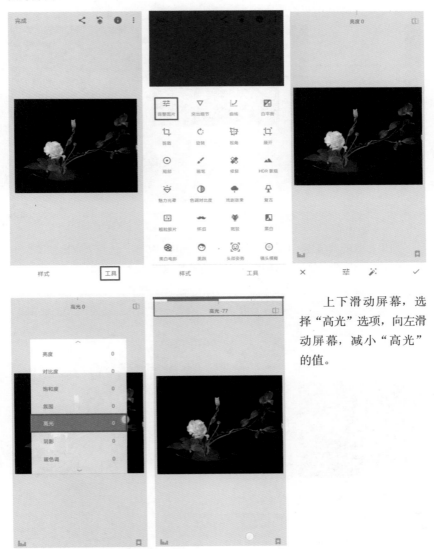

上下滑动屏幕，选择"高光"选项，向左滑动屏幕，减小"高光"的值。

接下来可以调整饱和度。上下滑动屏幕，选择"饱和度"选项，向右滑动屏幕，增加"饱和度"的值。完成后点击"√"按钮。

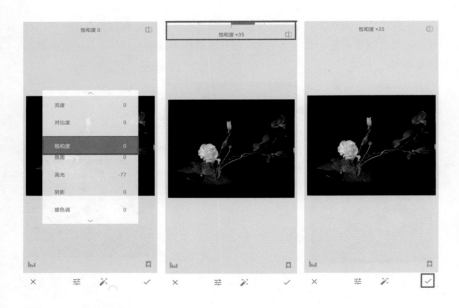

　　如果花朵的细节还不够多，可以点击"工具"按钮，选择"突出细节"工具，向右滑动屏幕，增加"结构"的值，完成后点击"√"按钮。

　　至此，这张照片就调整完成了，不过画面右边还有一点瑕疵，所以需要再次裁剪画面，去掉瑕疵。点击"工具"按钮，选择"剪裁"工具，把瑕疵部分裁掉，完成后点击"√"按钮。

　　　　　　　　　　　　　　　　最后点击"完成"按钮，将修改后的照片保存即可。

第4章

手机摄影后期创意实战

计算机上的摄影后期处理，需要用户具有非常深厚的摄影及后期制作功底，并有一定的美学基础。手机超强的算法及触屏式操作逻辑，让手机摄影用户可以简便地制作出不同的创意效果，如一键换天、倒影制作等。

本章将介绍一些比较常见的、仅借助手机就能很好实现的创意效果。

4.1　一键换天，制作6张大片

本节主要讲解如何用手机一键换天及添加天气效果。

因为并不是所有的照片都能一键换天，所以要运用后期制作指引前期拍摄的思维。比如下页上方的照片，在前期拍摄的时候，天空特别干净，于是想到可以为照片添加晚霞、星轨等效果。

原图

效果图 1

效果图 2

效果图 3

效果图 4

效果图 5

效果图 6

　　本案例中要用到 MIX 软件。首先在本地图库中打开照片，点击"更多"按钮，选择"更多编辑"选项，将照片导入 MIX 软件。

点击"滤镜"按钮，选择"魔法天空"滤镜，在魔法天空滤镜界面中有很多可以预览的滤镜效果模板。

随机选择一种滤镜效果，如 M201，可以发现整个作品的前景由于滤镜效果而丢失了细节，画面很暗。那该如何处理呢？

再次点击 M201 滤镜效果，在弹出的界面中移动"程度"滑块。大家可以根据喜好来适当调整滤镜效果。

如果前景的拍摄主体太暗了，但是又想保留目前的天空效果，可以点击"编辑工具箱"按钮，在打开的界面中点击"调整"按钮，对画面进行局部调整。

比如照片上的树太黑且没有阴影，可以在调整界面中选择"阴影"选项，增加"阴影"的值，调整完成后，树的阴影细节就还原了。之后，选择"层次"选项，稍稍提高"层次"的值，让画面显得更立体。

在魔法天空滤镜界面中有丰富的天空特效可供大家使用，这些特效能够让平淡无奇的照片变得吸引力十足，如下面的银河、极光、星轨等效果都很具吸引力。大家根据自己想要的效果使用特效即可，不过也要考虑天空特效是否符合自然规律。

另外，点击 M206 滤镜效果，滑动"程度"滑块可以控制效果的程度。

点击"编辑工具箱"按钮，可以调整滤镜效果的曝光、对比度、高光、阴影、层次、饱和度、自然饱和度、锐化、噪点、暗角、中心亮度、褪色、美肤、色温、色调、黑白模式等。

调整完成后，点击右上角的"保存"按钮。

4.2　制作水面倒影效果

本节讲解如何用手机制作水面倒影效果，主要用到的 App 是 PicsArt。

原图　　　　　　　　　　　　　　　　效果图

首先打开 PicsArt 软件，点击"+"按钮，在本地图库中选择一张照片，将其导入 PicsArt 软件。

在 PicsArt 软件界面中点击"特效"按钮，选择"扭曲"选项，选择"镜像"效果。

在镜像效果界面中有"水平"和"竖直"两种模式。在"水平"模式中，"模式1"是左对称，"模式2"是右对称。

由于要制作水面倒影效果，所以要用到镜像效果界面中的"竖直"模式。在"竖直"模式中，模式 1 是"下对称"，模式 2 是"上对称"。此处选择"模式 1"。

大家可以看到，拍摄主体及其倒影有重叠的地方，拍摄主体仿佛泡在了水里。

向右滑动"偏移"滑块，调整到自己认为合适的程度就可以了。调整完成后点击右上角的"√"按钮。

如果想要制作干净漂亮的水面，那么调整到这里就基本完成了。如果想要制作没有痕迹的水面，可以点击"特效"按钮，选择"模糊"选项，选择"动感模糊"效果。

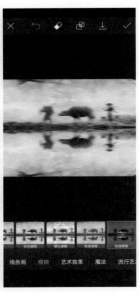

　　动感模糊的效果就是水面上会产生动态的倒影。如果模糊的程度过大，可以点击"动感模糊"效果，在动感模糊界面中调整"距离""角度"和"减淡"。向左滑动"距离"滑块，降低"距离"的值。可以看到画面中的倒影就像现实中水中的倒影一样。

　　点击屏幕顶部的"橡皮擦"按钮，点击"清除"按钮，清除岸上之前添加的效果。用这种方式制作的水面倒影更自然。

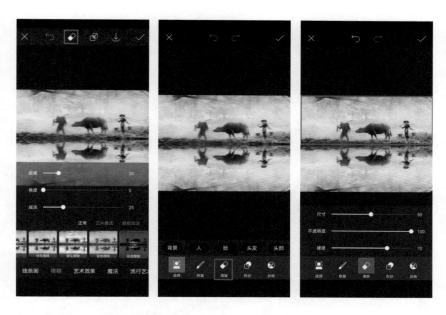

调整完成后点击右上角的"√"按钮，点击屏幕上方的"→"按钮，然后点击"↓"按钮，保存照片。

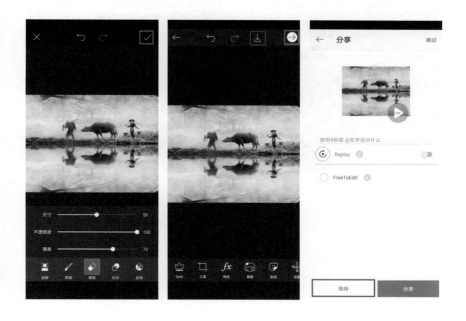

4.3 制作双重曝光大片

本节介绍如何用手机制作双重曝光大片。

平时我们用手机或者相机拍摄，想得到双重曝光效果是有难度的。如果在前期拍摄时以后期制作思维为指导，那么制作双重曝光效果就容易很多。以下图为例，先拍摄照片，将素材留下等有合适的素材后即可用来制作双重曝光效果。

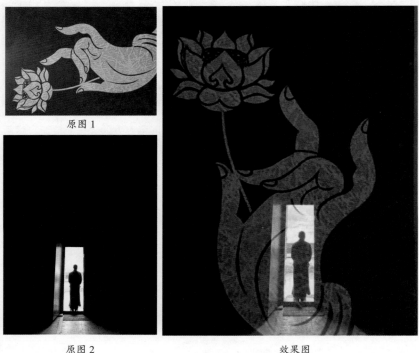

原图 1

原图 2   效果图

在本地图库中打开照片，点击"更多"按钮，选择"更多编辑"选项，将照片导入 Snapseed 软件。

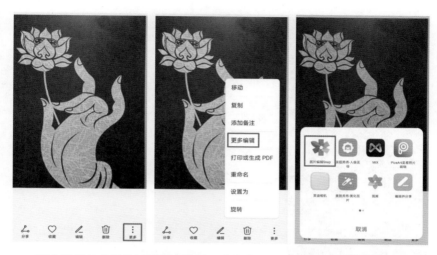

那么我们怎么制作双重曝光效果，或者什么照片比较适合用来制作双重曝光效果呢？

在 Snapseed 界面中点击"工具"按钮，选择"双重曝光"工具，选择需要二次曝光的照片。画面为逆光环境，整体背景很黑，拍摄主体只有门和人物的背影。大多时候这种景象不会有人去专门拍摄，但是如果用后期制作思维来引导前期拍摄，就会得到这张照片。

我们来看一下这张照片能不能与原图 1 相匹配。选中照片后点击"√"按钮。

导入照片后，可以根据自己的喜好，按住屏幕缩放来调整背景照片的大小。笔者想把黑暗中打开的门和人物放在拈花的掌心，寓意在打开门的一瞬间，黑暗中生出了希望。调整完成后点击"√"按钮。

由于背景照片中主体周围比较暗而且没有杂质，所以用这张照片来制作双重曝光效果，并不会影响第一张照片的纹理效果。用于双重曝光的照片的背景最好没有杂质。在双重曝光之后，光亮部分刚好可以与掌心相融合。

背景照片的位置调整完成后，背景照片的主体不明显，于是选择调整不透明度。点击"不透明度"按钮，增加"不透明度"的值，调整完成后点击"√"按钮。

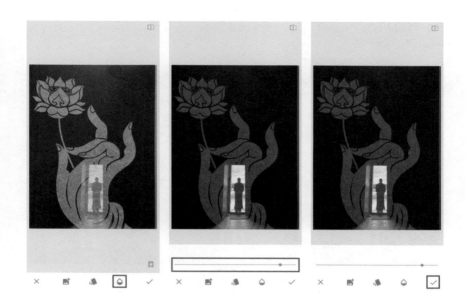

　　调整完成后，背景照片的不透明度更高，背景也更清楚。由于背景照片中的环境很黑，所以没有影响到上层照片的背景，背景照片最亮的地方刚好又能凸显出来，给人以希望的感觉，刚好与拈花一笑的主题相呼应。

　　在双重曝光工具界面中，点击"样式"按钮，在打开的界面中可以选择"调亮""调暗""加""减"和"重叠"等选项。"调亮"选项用于保留背景照片亮的部分，可以使画面中较亮的痕迹留在上层照片上，所以此处不运用调亮。

使用"调暗"选项，会使背景照片完全覆盖上层照片，也不合适。此外，"加"和"减"选项也不合适。

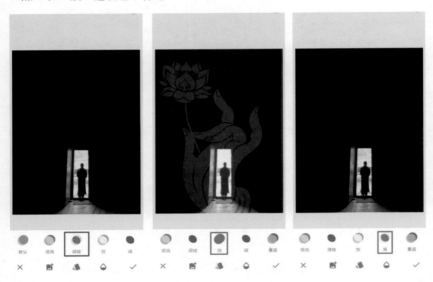

"重叠"选项用于把相关的两张照片重叠在一起，这里选择该选项进行调整。调整完成后点击"√"按钮。

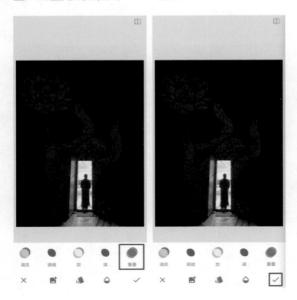

点击"不透明度"按钮，调整画面的"不透明度"的值，调整完成后点击"√"按钮。这样既能看到门也能看到拈花的图案，两者很好地叠加在了一起。

4.4　制作小星球特效

本节讲解如何用手机制作小星球特效。前文介绍过，我们需要用后期制作思维去引导前期拍摄。这张照片上没有拍摄主体，前景也比较单一。但如果具备后期制作思维，就可以变废为宝。

笔者看到这张照片的时候就感觉能制作出置身于宇宙中的小星球的效果。大致思路为先一键换天，把天空换成星空，然后把土地直接变成一颗星球，让星球飘浮在宇宙中。

原图

效果图

接下来讲解具体的操作步骤，需要使用的软件是 MIX 和 PicsArt。

在本地图库中打开照片，点击"更多"按钮，选择"更多编辑"选项，将照片导入 MIX 软件。

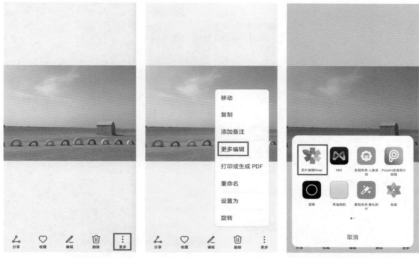

点击"滤镜"按钮，选择"魔法天空"滤镜，在魔法天空滤镜界面中有很多可以预览的滤镜效果模板，选择自己喜欢的效果，调整完成后点击"保存"按钮即可把这张照片保存到本地图库中。

打开 PicsArt 软件，点击"+"按钮，导入刚保存的照片，在 PicsArt 界面中点击"特效"按钮。

在特效界面中选择"扭曲"选项，选项"小小星球"效果。小星球特效就添加到照片中了。

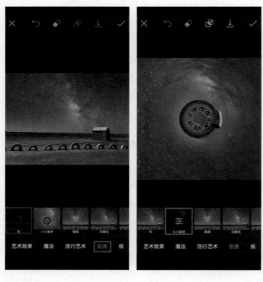

　　再次点击"小小星球"效果，移动"旋转"滑块，可以看到星球边缘连接处没有闭合，向右移动"转变"滑块闭合星球的圆环。大家在拍照的时候，画面水平线一定要水平，在使用"小小星球"效果后，弯曲的地平线就可以很好地连接在一起。如果拍摄的画面中水平线不标准，星球的边缘就会形成弯曲的线条，这也是为什么我们要用后期制作思维引导前期拍摄。

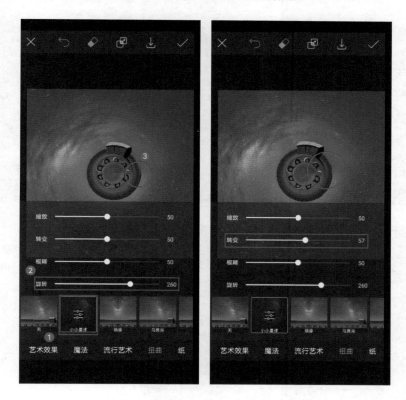

　　我们可以根据个人的喜好调整"缩放""转变"和"旋转"选项。

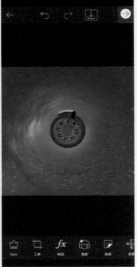

调整完成后点击"√"按钮，这样一张非常可爱的小星球照片就制作完成了，点击右上角的"↓"按钮将其保存到本地图库中即可。

4.5　制作变焦的"爆炸式"效果

　　使用单反相机拍摄的时候，在按下快门按钮的瞬间，通过快速转动镜头上的变焦圈可以让画面产生速度感。由于对焦在拍摄主体上，迅速变焦可实现主体清晰而周围环境产生速度感的效果。而在手机上，我们则可以通过 PicsArt 制作变焦效果。

原图　　　　　　　　　　　　　　　　　效果图

　　打开 PicsArt 软件，点击"+"按钮，从本地图库中选择想要调整的照片。

在 PicsArt 界面中点击"特效"按钮，选择"模糊"选项，在打开的界面中选择"变焦"效果。在选中变焦效果后，要把焦点放置在花蕊中间。再次点击"变焦"效果，在变焦效果界面中可以调整"模糊""尺寸""硬度"和"减淡"选项。移动"模糊"滑块可以调节画面模糊的程度，移动"尺寸"滑块可以调节焦点中心区域的大小，移动"硬度"滑块可以调节焦点边缘的清晰度，移动"减淡"滑块可以调节花瓣的清晰度。在应用变焦效果的时候，大家可以根据自身的喜好来调节，调整完成后点击"√"按钮。

　　以上就是运用变焦来让画面产生速度感的操作步骤。点击 "→" 按钮，将修改后的照片保存到本地图库。

第5章

利用手机制作封面、拼图

本章讲解如何利用手机制作封面、拼图，需要使用到的 App 是简拼。

 简拼功能详解

5.1.1 视频模板

打开简拼 App，首页底部的"商店"里面主要包括收费的模板、颜色、滤镜和字体等。

点击首页底部的"…"按钮，进入主界面。主界面中有很多免费和收费的模板，使用起来非常方便。下面讲解主界面顶部的功能选项。

选择"视频"选项，在视频界面中可以剪辑视频，也可以把视频导入后直接添加模板，然后就可以将视频分享至社交平台。

5.1.2 Vlog 模板

选择"Vlog"选项，在 Vlog 界面中可以选择 Vlog 的模板。

5.1.3　拼接模板

选择"拼接"选项，在拼接界面中可以拼接照片。点击"更多拼接模板下载"按钮，可以看到更多可以下载的模板。

5.1.4　无缝图片拼接

选择"无缝"选项，"无缝"的功能与"拼接"大致相同。

5.1.5 布局方式

选择"布局"选项。笔者比较喜欢布局界面中的 9：16 和 Full 的画面比，因为 9：16 的竖屏画面适用于手机观看。如果用于制作海报或者视频，建议使用横屏的画面比。

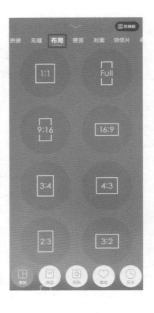

5.1.6 其他选项

主界面中还有"便签""封面""明信片"等选项，软件中都有相应的模板。

选择"名片"选项，可以将自己的头像、邮箱、E-mail、联系方式等信息替换进模板。选择"锁屏"选项，可以直接替换自己喜欢的照片，做成个人的锁屏图片。选择"长图"选项，可以把很多照片添加进去做成长图。

5.1.7　最爱选项

主界面底部的"最爱"选项，可用于收藏平时翻阅到的比较喜欢的模板。

5.2 制作封面案例

接下来，以制作封面为例介绍简拼的具体使用方法。

选择"封面"选项，选择一款自己喜欢的封面模板。点击"TOPICS"封面，在本地图库中选择一张照片，点击"下一步"按钮。

 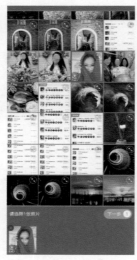 

这样照片就替换完成了。点击"放大"按钮，可以放大照片。按住照片可以把照片拖到自己喜欢的位置。

　　如果不喜欢这个模板，可以点击屏幕底部的"换模板"按钮。如果想换背景可以点击"背景"按钮，在背景界面中有很多颜色和模板供大家选择。

　　点击"文本"按钮，可以添加文本。

双击文本框，点击输入框右侧的"A"按钮。可以调整字体、颜色和大小。字体有很多模板，输入框左边的按钮用于中英文切换。此处不需要添加文字，所以点击文本框左上角的"×"按钮即可。

点击"签名"按钮，可以自己设计签名。如果认为签名不好看，可以点击"×"按钮去掉。

点击"二维码"按钮，可以从相册、微信公众号和链接中添加二维码。

点击"标签"按钮，可以在输入框中输入文字。输入框下方有不同的标签类型和标签样式可供选择。

点击"保存"按钮，在保存界面中有三个选项——"保存并发布到【社区】""保存到本地"和"保存到草稿箱"，此处选择"保存到本地"选项。

5.3 制作拼图案例

下面介绍大家比较常用的图片拼接技巧。

选择"拼接"选项，选择"萌宠"模板，在本地图库中选择三张图片。

点击"下一步"按钮，图片就拼接好了。

点击"背景"按钮，可以替换背景颜色。在背景界面中还有很多花纹可供选择。

选择"玫瑰花"花纹，选择"白色"作为背景颜色，这样一张拼接图片就制作完成了。

如果想要添加文字，可以点击"文本"按钮，在输入框中输入文字。

点击"保存"按钮，选择"保存到本地"选项。

以上就是本章主要讲解的用手机制作封面、拼图等内容。

第6章

手机短视频剪辑流程

本章将按制作视频的顺序讲解手机短视频的基本剪辑技巧，让读者掌握手机短视频剪辑的一般流程。当然，这种流程并不是固定不变的，读者可以根据实际情况调整某些环节的顺序。

本章所用 App 是剪映。剪映是抖音推出的一款免费的、功能强大的软件。目前市面上有非常多的剪辑软件，功能大同小异，只要掌握其中一款软件的使用方法，即可触类旁通。

6.1 素材导入及设定

首先打开剪映 App，点击"开始创作"按钮，选择三个素材（可以是视频也可以是图片），点击"添加"按钮，将素材导入剪映 App。

导入的三个视频素材都是横屏的，为了让使用手机观看的体验更好，需要将视频画面切换为竖屏。在工具栏里点击"比例"按钮，选择"9：16"选项。当视频变为 9：16 的比例之后，视频的上方和下方都被填充为黑色的背景了。

点击"<"按钮，
点击"背景"按钮。

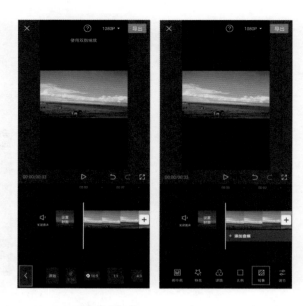

选择"画布模糊"选项，选择一个喜欢的模糊样式，点击"√"按钮。

6.2 声音设定

　　接下来设置背景音乐。点击"<"按钮，返回上一级菜单，再点击下方工具栏中的"音频"按钮。音频界面中有"音乐""音效""提取音乐""抖音收藏""录音"等选项。

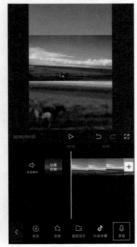

　　如果喜欢某个短视频的音乐，但是又不知道音乐名，这时就可以点击"提取音乐"按钮，将短视频中的音乐提取。也可以自己给视频配音，点击"录音"按钮，就可以开始录音了。

点击"抖音收藏"按钮，选择一个之前收藏的音乐，点击"使用"按钮，将它导入视频。

如果在拍摄视频时处在一个比较嘈杂的环境，同时又希望视频原声和背景音乐不要混在一起，那么可以关闭原声。点击"关闭原声"按钮，就可以关闭视频原声。完成后点击"<"按钮，返回上一级菜单。

　　如果音乐中的某一段歌词和视频内容不符，可以把这段视频剪掉。将白色指针移动到不想要的视频片段的开头，点击"剪辑"按钮，再点击"分割"按钮，视频就会被分割成两段。

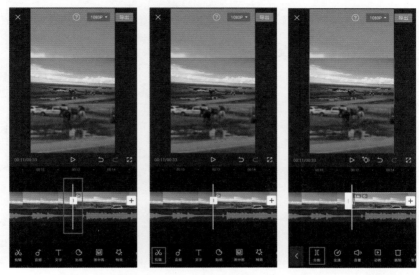

　　选中分割出来的后半段视频，点击"删除"按钮，这样就可以删除不想要的视频片段。

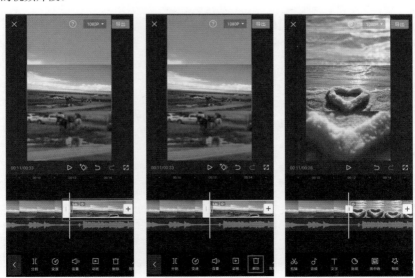

如果想剪切视频，就要选中视频；如果想剪切音乐，就要选中音乐。

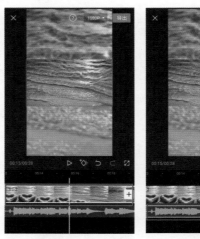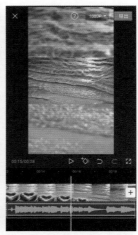

6.3 视频倍速

每一段视频都可以被拉短或者延长。

任意选中一段视频，点击"变速"按钮，就会出现"常规变速"和"曲线变速"两个选项。

点击"常规变速"按钮，可以选择不同的播放速度，如 0.1 倍、1 倍、2 倍、5 倍、10 倍、100 倍等。默认是 1 倍速度，往左移动可以减慢播放的速度，往右移动可以加快播放的速度。这里默认选择"1x"，点击"√"按钮。

依次点击返回按钮，返回主界面。

6.4 字幕设定

接下来给视频添加文字。点击"文字"按钮，选择"新建文本"选项，在输入框中输入"一个人的旅行"。

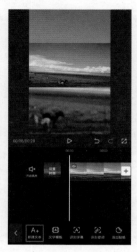

点击"花字"按钮，选择一个花字模板，然后把文本框移动到视频上方，点击"√"按钮。

　　此时会有一个问题，文字轨道没有覆盖到的部分，视频中就不会出现该文字。所以如果想让这些文字贯穿整个视频，可以把文字轨道拖到视频的末端。

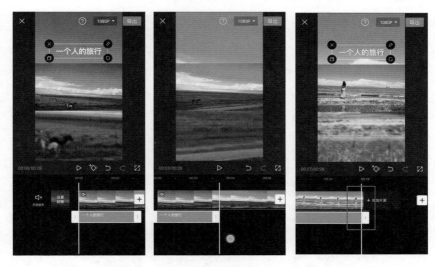

　　如果想给视频添加多段文字，可以使用"新建文本"的方法把文字一段一段地添加到对应的视频里。但是如果想直接做一个 MV，把歌词作为字幕，可以使用软件提供的一个非常强大的功能——识别歌词。点击"<<"按钮，点击"识别歌词"按钮，软件就会自动识别歌词，最终生成一段段文字并添加在视频中。

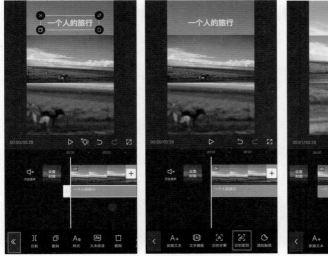
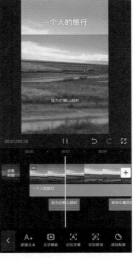

6.5 转场特效

文字生成之后，还可以给视频添加转场特效。点击"转场"按钮，选择"叠化"特效，调整转场时长，点击"√"按钮。注意特效时长不能太长，否则特效会和添加的文字重叠。

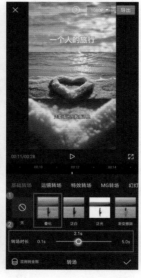

6.6 封面和片尾

播放一遍视频，检查是否有问题，如果没有问题，那么这条视频基本上就制作完成了。最后需要给视频添加封面和片尾。

在设置封面时，可以从相册中导入封面，也可以直接在视频中选择一帧画面做封面，还可以在封面上添加其他文字，如"世界那么大，一起去看看吧"，然后再选一个自己喜欢的花字。最后点击右上角的"保存"按钮，这样就完成了封面的制作。

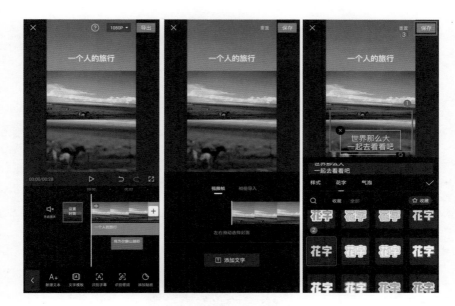

　　点击"添加片尾"按钮，可以给视频添加片尾。

到这一步，基础的剪辑就完成了。点击播放按钮，可以预览整体效果。

6.7 输出设定

　　点击"1080P"按钮，可以设置视频导出的分辨率和帧率。

　　分辨率代表的是视频的清晰度，分辨率越高，视频越清晰，同时也更占内存。当分辨率设置为 2K 甚至 4K 的时候，视频所占内存很大；而 1080P 代表视频经过压缩，但是这样的视频相对不占内存，画质也还不错，方便在社交平台传播。

　　帧率代表的是视频的流畅度，帧率越高，视频的流畅度越高。例如，针对动画片中的一个拍手动作分别画了 3 张和 30 张的原画，那么画 30 张原画的拍手动作更流畅，视频也是一样的，30 帧 / 秒就代表 1 秒之内有 30 个画面。如果视频在手机端上传和传播，那么分辨率和帧率分别设置为 1080P、30 帧 / 秒即可。

最后点击"导
出"按钮，将视频
导出即可。

以上就是手机短视频剪辑流程的相关内容，包括音乐、文字、比例、转场
等。这些都是平时需要用到的功能。

第 **7** 章

制作图文短视频

本章介绍如何在剪映软件中制作简单的图文短视频，即介绍图文成片的方法。图文成片是剪映软件推出的一个非常好用的功能。很多人比较惧怕剪辑，因为剪辑需要使用大量繁复的功能，还要花费大量的时间。而用户使用"图文成片"功能只需输入一段文字，即可得到视频。

首先打开剪映 App，点击"图文成片"按钮，就会出现"粘贴链接"和"自定义输入"两个选项。

7.1 利用"粘贴链接"提取文字信息

"粘贴链接"支持使用今日头条链接生成视频。也就是说,如果在浏览今日头条的时候发现一些新闻或者一些文本很不错,但是又不想打字,就可以点击"粘贴链接"按钮,把今日头条的文本链接复制后粘贴,软件可以自动提取今日头条里面的文字,然后重新匹配,生成一个新的视频。

7.2 利用"自定义输入"制作视频文字

"自定义输入"支持输入文字生成视频。也就是说,可以输入自己喜欢的文字,最多可以输入 1500 字。笔者通常会输入 200 字左右的脚本,可以生成一分钟左右的视频。

　　例如，输入徐志摩的《再别康桥》，点击右上角的"生成视频"按钮，软件就会自动开始匹配图文，最终生成一个短视频。大家可以看到，图文成片包含 3 个轨道，第 1 个轨道是软件自动匹配的图片，第 2 个轨道是输入的文本，第 3 个轨道是软件自动匹配的背景音乐。

　　目前来看，软件自动匹配的图片有 4 张。其中第 1 张和第 2 张图片都很贴题。

但是第 3 张和第 4 张图片就不尽如人意了，那这个时候怎么办呢？

以第 3 张图片为例，由于同样的图片同时显示在两段视频中，所以要分开处理。

先将第 1 段视频选中，然后点击"替换"按钮，在图片素材界面内直接替换图片。

7.3 搜集图片素材

如果图片素材中没有合适的图片，可以自己搜索素材。例如，在搜索框内输入"清风"，在搜索出来的素材中选择图片，点击"完成"按钮，这样就完成了图片替换。

用同样的方法选中第 2 段视频，点击"替换"按钮，在搜索框中输入"招手"，选择合适的图片，点击"完成"按钮，实现图片替换。

7.4 更换声音及背景音乐

　　如果觉得软件自动匹配的声音不好听，可以点击"音色"按钮，选择一个自己喜欢的声音，如"小姐姐"，完成后点击"√"按钮。

　　如果觉得软件自动匹配的背景音乐不好听，可以点击"背景音乐"按钮，根据自己的喜好替换音乐。在这里既可以选择自己收藏的音乐，也可以搜索自己想要的音乐。

7.5 视频比例设定及导出

如果不喜欢横屏的视频，可以点击"比例"按钮，选择"9：16"选项，这样视频就会变成竖屏的。

最后，点击"播放"按钮，预览一下整体视频，如果觉得视频没有问题，直接点击右上角的"导出"按钮，将视频导出即可。

以上就是图文成片功能的介绍。

第**8**章

一键成片（制作短视频）

本章介绍剪映软件的一键成片功能。对于新手来说，直接套用剪映软件中的模板或者运用剪映软件的一键成片功能是最简单的。

8.1 图片变视频

首先打开剪映软件，点击"一键成片"按钮，在本地图库中选择几张图片，点击"下一步"按钮，软件就会自动合成一个短视频。

合成之后，界面下方会出现一些模板选项，这些模板包含字幕和特效，选择一个喜欢的模板即可。由于导入软件的都是图片，所以与之相匹配的多数是音乐相册类的模板。

选中一个模板之后，点击"点击编辑"按钮，可以编辑模板的样式。

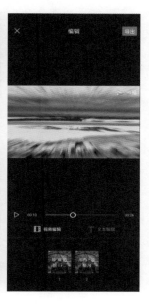

最后点击右上角的"导出"按钮，将视频导出即可。

8.2 视频与图片混编

如果导入的是几张图片和一个视频，软件就会自动匹配视频加图片的模板。

8.3 视频合成

如果导入的是两个视频，那么软件就会自动匹配视频模板供你选择。

选择一个喜欢的模板，点击右上角的"导出"按钮。选择"无水印保存并分享"选项，将视频导出即可。

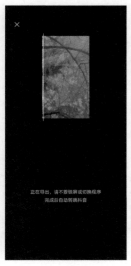

以上就是一键成片功能的介绍。如果不喜欢一键成片的效果，还可以点击"剪同款"按钮剪辑。"剪同款"提供了非常多的模板，如"推荐""卡点""萌娃""情感""玩法"等。

随意点击一个模板，软件就会播放这个模板，点击"剪同款"按钮，在本地图库中选择几张想要编辑的图片，再点击"下一步"按钮。

　　这样就会生成一个同款视频了，整个剪辑过程非常简单。

在线学习更多系统视频和图文课程

如果读者对人像摄影、风光摄影、商业摄影及数码摄影后期处理（包括软件应用、调色与影调原理、修图实战等）等知识有进一步的学习需求，可以关注作者的百度百家号学习系统的视频和图文课程，也可添加作者微信（微信号381153438）进行沟通和交流，学习更多的知识！

百度搜索"摄影师郑志强 百家号"，之后点击名为"摄影师郑志强"的百度百家号链接，进入"摄影师郑志强"的百家号主页。

在"摄影师郑志强"的百家号主页内，点击"专栏"，进入专栏列表即可深入学习更多视频和图文课程。